Kemijski Elementi
PERIODNI

U gotovo beskonačna predmeti i materijali oko nas se zapravo sastoji od samo ograničenog broja kemijskih elemenata . Danas znamo da je 91 postoje , naravno, na Zemlji . Oni počinju s vodikom koja je formirana ubrzo nakon što je svemir nastao . Drugi 90 su napravili bilo nuklearnih reakcija koje se odvijaju u jezgri gorućih zvijezda ili katastrofalne eksplozije nazvane supernove koja se ponekad proizvedenih kada zvijezde umiru . Nekoliko više elemenata izrađeni su umjetno u laboratorijima .

Svaki element se ponaša drukčije i ima različita svojstva od svih ostalih . Sustav organiziranja o kemijskim svojstvima elemenata i kemijskih spojeva koje tvore je bitno . Suvremeni periodni sustav temelji se prije svega na radu ruski kemičar Dmitrij Mendeljejev čija tablica objavljena 1869 postavljeni elementi u horizontalnim redovima prema njihovoj težini s jednim redom ispoddruge, tako da su svi elementi koji imaju slična svojstva pao u vertikalnim stupcima . U20. st. sa spoznajama o strukturi atoma ,ispravan način naručivanja elemente otkrivena je idanas periodni je formulirana .

Atomi sastoji od protona , neutrona i elektrona su osnovne sastavnice elemenata . Engleski fizičar Henry Moseley pokazala da ono što određuje ponašanje svakog elementa je njegov atomski broj ,broj protona u jezgri , a ne njegov atomska težina koja je mjera od ukupnog broja protona i neutrona u jezgri . Ispravan način naručivanja elemenata u periodni sustav je , dakle, po njihovim atomskim brojem . Iako su atomi danog elementa imaju isti broj protona koje mogu imati različit broj neutrona . One se nazivaju izotopi i njihova egzistencija objašnjava zašto jeatomska težina jenepouzdani pokazatelj položaja elementa u periodnom .

Elementi su poredani od svojih atomskih brojeva u redovima zove razdoblja . Prelazak s lijeva na desno preko razdoblja , tu je tranzicija elemenata koji su metali na one koji su nemetala . Okomite kolone periodnog nazivaju skupine . Svi elementi unutar skupine imaju slična kemijska svojstva , a ponekad se naziva obitelji elemenata .

ZAŠTO elementi unutar skupine imaju slična kemijska PONAŠANJE

Atomski broj određuje koliko negativno nabijene elektrone su sadržane u atoma određenog elementa , a to jestruktura elektrona koji kruže oko jezgre koji određuju kako elementi reagiraju jedni s drugima . Ovakva raspodjela elektrona u valenciji , ili vanjskoj, ljuske od atoma su izloženi drugim atomima kada oni reagiraju . Elementi čiji valencija školjke su potpuno pune su izuzetno stabilne i čini se da reagira s gotovo ništa drugo. Oni s nepotpunim školjke će imaju tendenciju da reagiraju s drugim atomima , na način da će završiti ove školjke . Valencija atoma sličnog - ljuska imaju konfiguraciju slična kemijska svojstva . Elementi u istoj skupini u periodni imaju isti broj valentni elektroni .

Periodni onda je karta na način na koji se elektroni se organizirati u atoma određenog elementa . Sposobnost predvidjeti kemijske ponašanje elementa na temelju retku i stupcu u kojem se nalazi čini periodnog Neprocjenjiv referentni alat za praktičare znanosti .

vODIKOV
Atomski broj : 1
Kemijski simbol : H
Grupa : 1A

Vodik se sastoji od ništa više od jednog protona , koji služi kao njegove jezgre , okružene jednog elektrona . Njegova jednostavnost pomaže objasniti zašto je to dalekonajobilniji element , koji čine 93 % svih atoma u svemiru . Vodik jeplin koji nema mirisa ili okusa , je potpuno bezbojan i izuzetno flammable.The kombinacija vodika s kisikom stvara najučestalijih spoj , water.Hydrogen sadržana je u organskim spojevima , biološki spojevi prisutni u živim organizmima , u parfemima , boje, pesticidi, DNA i proteina ! Popis ide na i na !

helijum
Atomski broj : 2
Kemijski simbol : On
Grupa VIII- plemenite plinove

Poput svih plemenitih plinova , helij je bezbojan i odourless.Together vodika i helija čine nevjerojatnih 99,9% elemenata u svemiru . Ime mu dolazi od grčke ' Helios ' što znači ' Sunce ' . Helij od sunca je proizveden fuzijom vodika . Ova reakcija isporučuje energiju daSunce zrači u svemir . Helij ima nisku gustoću i stoga je korisno u blimps i igračaka balona za njegov uzgon u air.Astrnomers koristiti izuzetno hladne tekućine iz helija ukloniti toplinsko ' buku ' , čineći ga lakše i pouzdanije primati podatke iz udaljenih galaksija .

LITHIUM
Atomski broj : 3
Kemijski simbol : Li
Grupa IA - alkalnih metala

Metalni litij je iznimno osjetljiv i kombinira s aluminijem u obliku niske gustoće, strukturno jak legure koja se koristi u zrakoplovima i svemirskim brodovima . Također se koristi kao pozitivan terminal ili anode u male baterije koriste i kamere i računala , stimulatora . Litij hidroksid jevrlo učinkovit klima - pročišćivač . Upija CO2 iz zraka u obliku litij karbonat . Litij ima najveću sposobnost bilo topline elementa . Ovo svojstvo ga čini idealnim za prijenos topline materijal i to se koristi u eksperimentalnim nuklearnim reaktorima apsorbirati toplina proizvedena od fissioning urana .
U medicini litij karbonat i litij citrat su poznati kao vrlo učinkovita stabilizatora raspoloženja u manično - depresivne bolesti .

berilijum
Atomski broj : 4
Kemijski simbol : Budite
Skupina IIA - zemnoalkalijskih metala

U svom čistom obliku , berilij jesvjetlo , prilično naporno , sivo-bijeli metal . Poput svih metala koji čine zemnoalkalijskih skupinu , to je puno previše kemijski reaktivni se može naći u svojoj slobodnoj državi . Depoziti mineralne berilij se distribuiraju preko Brazila , Argentine i SAD-u . Kristali berilij su poznati po svojoj probran izgled . Oba od smaragda i akvamarin su prirodno dragocjene oblike ovog minerala . Berilij odigrao ključnu ulogu u otkrivanju neutrona u 1932 i dalje koristi u istraživanjima na atomske jezgre .

BORON
Atomski broj : 5
Kemijski simbol : B
Grupa III

Bor jekrhki , nemetalnih elemenata . To je obično vezan s kisikom , vodom i natrija u spoj nazvan boraksa da se koristi kao sredstvo za čišćenje i sredstva za omekšavanje vode . Kada je voda omekšala ,magnezij i kalcij zamijenjena s relativno bezopasne natrija i kalija . Još jedan bor spoj je borna aced koristi industrijski napraviti vatrostalnu , posebno otporan stakla topline koja se koristi u kuhinjama . Borni ' šipke ' ima presudnu ulogu u korištenju nuklearne reaktore . Oni mogu biti smanjena u reaktor tako da apsorbiraju neutrona kontrolu snage se proizvodi u reaktoru .

CARBON
Atomski broj : 6
Kemijski simbol: C
Grupa IV

Carbon predstavlja samo 0,09 % od zemljine kore u masi , ali to je element najbitnije za život na našem planetu . Carbon duguje svoj središnji položaj u organskoj svijeta na sposobnost svojih atoma da se povežu s drugim ugljikovih atoma u obliku dugih lanaca koji su ravni ili razgranati . Jedan od takvih je dugo lančano molekula u DNA nalaze u genetski materijal svih živih bića . Elementi mogu postojati u nekoliko prirodnih oblika nazvanih Alotropi . Ugljik se nalazi u allotropic oblici grafita , ugljena i najviše spektakularno dijamant .

dušikom
Atomski broj : 7
Kemijski simbol: N
Grupa V

Dušika nema nikakvog smisla stimulacija imovinu , a mi stalno diše u velikim količinama što udišemo zrak . Dominira plinova u Zemljinoj atmosferi čine neki 78 % volumena . Dušikom formira stotine tisuća spojeva koji su ključni za poljoprivredu i industrijunajvažniji od kojih je amonijak . U plinovitom obliku , dušik se često koristi u situacijama u kojima je važno držati druge, reaktivne atmosferske plinove . Na primjer , kako bi se spriječilo oksidacija vina , vinske boce su često ispunjena sa dušikom , nakon čep se odstrani .

OXYGEN
Atomski broj : 8
Kemijski simbol: O
Grupa VI

Kisik postoji u atmosferi u vodi , te u zemljinoj kori u golemim raznih stijena i minerala . To je neophodno za život i dio svake biološke molekule u našim tijelima . Iako mnogi prirodni procesi troše kisik , ona se stalno puniti fotosinteze u biljkama tako neprestano izgara i neprestano se proizvodi . Engleski kemičar Joseph Priestley je zaslužan za otkriće kisika . On zagrijava oksid žive i napomenuo da je plin je dao off izazvao svijeću da se spali s iznimno briljantnog plamen . Plin je kisik !

fluor
Atomski broj : 9
Kemijski simbol: F

Grupa VII-Halogeni
Fluor jenajmanji , najlakši inajreaktivniji halogena . Svi atomi u ovoj skupini lako kombiniraju sa metala u obliku soli . U mnogim dijelovima svijeta natrij fluorida je dodan u javnosti zalihe vode . Istraživanja su pokazala da male količine fluora može usporiti razvoj šupljine u zubima . U prisutnosti vodika , fluora gori eksplozivna sila proizvodi vodikov fluorid koji kad se otopi u vodi oblicima fluorovodične kiseline . To je vrlo opasno . Međutim , on se koristi za otapanje i staklo koristi za dizajn rezati na staklenih predmeta .

NEON
Atomski broj : 10
Kemijski simbol: Ne
Grupa VIII A - plemenite plinove

Neon poput svih plemenitih plinova Monoatomsko . Poznate neonske reklame u storefront i restorana prozora sadrže neonski plina koja svijetli kada je pod naponom od strane električnog pražnjenja . Kada se to dogodi , neonske atoma u plinu ispuštati radijaciju u obliku narančasto- crvene svjetlosti . Različiti plinovi se koriste za proizvodnju različitih colurs znakove . Svaki plin , kada uzbuđen zrači svoju karakterističnu boju . Trgovački neon se proizvodi u zrak - ukapljivanja biljaka . Jer neon ima vrelište od -229 stupnjeva Celzijusa, to ostaje kao ostatak nakon više hlapljivih dušika i kisika su vrenjem !

NATRIJ
Atomski broj : 11
Kemijski simbol: Na
Skupine Ia - alkalijskih metala

Natrij jeizuzetno reaktivni svijetle srebrno metalno svjetlo dovoljno da plutaju na vodi i dovoljno mekana da se rezati nožem . To jedio mnogih važnih spojeva koji se nalaze široko rasprostranjena u cijeloj zemlji . Natrijev klorid ,kemijski naziv za kuhinjske soli je minirana u ogromnim količinama od prirodnih slanih depozita . Natrij bikarbonat poznatiji kao sode bikarbone se koriste kako bi se porast pečene robe , kad se zagrije ili tijesta tijesto ustati kada je pečena . Također se koristi za neutralizaciju pretjeranu kiselost želuca i kao zastupnik u gašenje požara .

MAGNEZIJ
Atomski broj : 12
Kemijski simbol: Mg
Skupina II A - zemnoalkalijskih metala

Magnezij je prisutan u takvim velikim količinama u morskoj vodi koja svjetskih oceana sadrže gotovo neograničene količine otopljenog materijala . Njegova velika prednost je u tome što je vrlo lagan, što ga čini idealnim za izrade automobila i dijelova zrakoplova , električnih alata , kosilice kućištima te utrke bicikle . Magnezij je važan za pravilnu prehranu u ljude , jer je to bitno za pravilan rad nekoliko enzima . Ona također igra ključnu ulogu u make-up od zelenih klorofila prisutne u svim zelene biljne stanice .

ALUMINIJ
Atomski broj : 13
Kemijski simbol: Al
Grupa III

Obično se nalazi u prirodi u kombinaciji s kisikom , aluminij jenajobilniji metala u Zemljinoj kori . To je lagan i dobar vodič električne energije , dvije osobine koje ga čine idealnim sastojak za široku paletu proizvoda čine . To jeizvrsno reflektira zračenja te se koristi za razne vrste antena , topline reflektora i solarnih ogledala . Iza tih drugih svojstava , aluminij je prilično jalova . To stvara sloj oksida koji sprječava daljnje reakcije s okolinom , tako da se obično smatra koroziju . Aluminij je netoksičan , bez mirisa i okusa .

SILICON

Atomski broj : 14
Kemijski simbol : Si
Grupa IV

Spojevi silicija dužan kemijski kisiku čine većinu zemljine pijeska, stijena i tla . Danas silicija čini temelj mikroelektronike industrije . Korištenje silicijskih čipova u tiskanim krugovima je napravio to mogućeza namakanje veličine računala na one koji se mogu odmoriti na krilu . Najvažniji silicij spoj silika koja postoji u dva oblika - kvarc i kremena . Mali dragulja i poludrago kamenje su kristali kvarca s obojenim nečistoća . Silika se koristi u proizvodnji stakla . Keramike i silikoni i druge važne klase spojevi na bazi silikona .

fosfor

Atomski broj : 15
Kemijski simbol: P
Grupa VA

Fosfor je otkrio liječnik Hennig Brand 1669 . Je destilirana ostatak od svodila urina i dobiti nešto što blistao umraku i izgorio u toplom zraku . Fosfor i emisije svjetlo još uvijek su povezani u fenomen poznat kao fosforescentno . Cinkov sulfid jefosforcsccntan materijal koji zrači iskrenje svjetlosti pri udaru široke elektrona . Ovaj efekt na premazivanje televizijske cijevi proizvodi TV sliku . Gotovo svi fosfora koriste komercijalno je da fosforne kiseline . Njegova glavna uporaba je u proizvodnji gnojiva - tlo bez fosfora pust . Obično se nalaze u dva oblika, tj. crvene i žute ,bivši se koristi za izradu sigurnosnih utakmice .

SUMPORNI

Atomski broj : 16
Kemijski simbol: S
Grupa VI

Sumpor je reaktivna nemetalnih nalaze i u prirodi i u svom slobodnom stanju i u elementarnom obliku široko distribuiranih ruda i minerala . Neki uobičajeni minerali sumpora su gipsena tj. kalcijev sulfat i pirit često poznat kao " zlatom lude ' . Uz njihovu važnost u izradi umjetnih gnojiva , čuvanje hrane , izbjeljivanje tekstila i čišćenje metala , Sumporni spojevi imaju stotine drugih koristi u vraćanju metala iz rude , što gumene , deterdženti , boje i boje , i sintetičkih vlakana . Doista se nacionalna razina industrijskog razvoja određuje njegove potrošnje po glavi stanovnika od sumpora .

CHLORINE

Atomski broj : 17
Kemijski simbol: Cl

Grupa VII-Halogeni

Klor jeotrovan žućkastozelena diatomski plin . Udisanjem čak i mala količina može izazvati ozbiljna oštećenja pluća . Toksičnost horistkinja činiizvrsno dezinfekcijsko sredstvo za bazene i opskrbe vodom . Važan spoj klora klorovodik ,plin koji se otapa u vodi da se dobije kloridna kiselina . Kloridna kiselina je prisutna u želučanom soku od želuca gdje je potrebna za aktiviranje protein probavnih enzima . Velike količine klora su korišteni za proizvodnju insekticida . Mnogi su nedavno zabranjene jer su smatrali kako je zagađivača okoliša .

ARGON
Atomski broj : 18
Kemijski simbol: Ar
Grupa VIII A - plemenite plinove

Godine 1894 , argon postao prvi plemeniti plin biti otkrivena . Njegova komercijalne aplikacije iskoristiti svoje nedostatka reaktivnosti . Argon jepropadanje proizvod važnog radio - izotopa koji se koristi za sex uzorci stijena , kalij - 40.The tehnika naziva kalij - argon dating . Kalij ima neobično dugo vrijeme poluživota od 1,25 milijardi godina je prisutna u mnogim stijena . Kad kalij 40 propada , ona se pretvara u argonom . Zbog toga se može odrediti starost stijena određivanjem koliko argon je prisutan . Najstariji stijene na Zemlji su određena ovom metodom od 3.8 milijarde godina .

KALIJEV
Atomski broj : 19
Kemijski simbol : K
Skupina IA alkalijskih metala

Kalij je vrlo reaktivan stoga se nikada nije našao u svojoj slobodnoj državi u prirodi . Ona je pronađena u morskoj vodi , iako u manjim količinama nego natrija , njegov kemijski ekvivalent . Kalij je bitan za rast biljke , tako mnogo kalija u otopljenih minerala je preuzet od biljaka prije dolaska na more . Prirodni izotop kalija je potssium - 40.Human tijelo sadrži 140 grama kalija . Budućiobilje kalija - 40 je 0,012 posto , svi smo djelomično sastavljena od reaktivnog izotopa . To jeglavni suradnik na naše životno dozu zračenja

KALCIJ
Atomski broj : 20
Kemijski simbol : Ca
Grupa II A - alkalijskih metala

Kalcij je važan sastojak za širok raspon od živih organizama . Ljudski zubi i kosti sadrže kalcij i morskih organi graditi svoje školjke kalcijeva karbonata . Vapno ,kalcij spoj je bitan industrijski kemijski . Jedan od njegovih ranih namjene je u kazališne rasvjete . Kada vapno zagrijava na visokoj temperaturi , daje isključeno intenzivan plavkasto bijelo svjetlo . To je bio korišten u ranom 19. stoljeću za osvjetljavanje glumce koji je doveo do fraze ' u središtu pozornosti . '' Vjerojatnonajvažniji moderni korištenje vapna je u proizvodnji željeza iz svojih ruda .

skandijum
Atomski broj : 21
Kemijski simbol : Sc
Skupina B III prvi red do mora u tranziciji Element

Skandij čelu prve prijelazne red elemente . Svi su zemnom plinu metali i mnogi su iznimno opasni . Skandij jevrlo lagani metal s prilično visokom tališta i pokazuje dobru otpornost na koroziju . Ta svojstva su napravili to od velikog interesa za zrakoplovnu industriju za izgradnju zrakoplova . Skandij čini nekoliko korisnih spojeva . Sam metal je pronašao neke koristi za elektroničke uređaje, kao što su visok intenzitet lampe koje proizvode svjetlost s vrijednosti u boji koja je blizu prirodne sunčeve svjetlosti . Svjetiljke ove vrste često se koristi za osvjetljavanje nogometne stadione .

TITAN
Atomski broj : 22
Kemijski simbol: Ti
Grupa IV B prvi red prijelaz Element

Titanium u svom čistom stanju jemetal koji je jednostavan za rad i prilično rastezljiv ili koja mogu biti uvučene u žici . Unatoč male težine , što je neobično jak i gotovo imuni na uobičajene vrste metala umora . Ona također ima izvanrednu otpornost na koroziju , tako da je svaki imovinu potrebnu za toidealan materijal za mlazni motori i rakete napraviti . Najvažniji spoj titandioksidtvar intenzivne briljantnim bijele boje koja se koristi kao pigment za boje , papir i plastiku .

vanadijum
Atomski broj : 23
Kemijski simbol: V
Grupa VB prvi red do mora u tranziciji Element

Vanadij jesvijetao sjajan metal koji je mekani i vrlo otporan na koroziju . Meksički profesor mineralogije viz Andres Manuel del Rio otkrio vanadij u 1801 . To je kasnije nazvan po skandinavskom božice Vanadis zbog brojnih lijepo obojenim spojevima . Oko 80 % od vanadij proizvedene u SAD-u ide u proizvodnju čelika .

CHROMIUM

Atonic broj: 24
Kemijski simbol : Cr
Grupa VI B prvi red do mora u tranziciji Element

Chromium je dobio ime od grčke riječi ' chroma ' što znači boju . Lijepa boja mnogim dragocjenim draguljima - crveno rubinima , karakteristične zelene od smaragda - je zahvaljujući prisutnosti količinom u tragovima kroma . Metala obično je izvađen iz kromit , oksid kroma koji je njegova najvažnija rude . Kad je izložen zraku , kroma čini nevidljivu oksid , što ga čini izuzetno otpornim na koroziju i vrlo korisna i kao dekorativni i zaštitni premaz preko drugih metala, kao što su bronca i čelika . Krom je također koristi za proizvodnju nehrđajućeg čelika .

MANGANESE
Atomski broj : 25
Kemijski simbol: Mn
Grupa VII B prvi red do mora u tranziciji Element

Mangan jeteško sivo - bijeli metal koji izgleda i ima mnogo svojstva slična željeza . Dodavanje mangan čelika čini je neobično teško i otporan na udarce . Takav čelik je idealan za korištenje u cijevi pušaka , bankovne trezore , željezničke pruge, i zemljane radove opreme . Mangan također dodaje tvrdoća , čvrstoća i otpornost na koroziju na legure aluminija i magnezija . Spoj kalij permanganat ima ljubičaste boje koje se ponekad vide u antičkom staklu . Iako proizvođači stakla više ne mogu koristiti mangan , njegova sposobnost da boja objekata koristi se za posvjetljivanje keramike i keramike.

IRON
Atomski broj : 26
Kemijski simbol: Fe
Grupa VIII B prvi red do mora u tranziciji Element

Željezo je vjerojatnonajčešći metal u ljudskom društvu . Bilo da je pomoću odvijača ili vožnji auto ili vlak ,značaj i korisnost željeza kao konstrukcijskog materijala je sam po sebi jasan . Unutrašnjost zemlje poznat kao jezgra se sastoji od rastaljenog željeza . Sposobnost precizirali metal služio kao prekretnicu u razvoju ljudskog poznat kao željeznog doba (1000 prije Krista) . Njegova otkrića rezultat na oruđa i oružja koje su teže i trajnije od onih od brončanog doba . Danas više od 90 % od svih metala rafiniranih je željezo .

KOBALTA
Atomski broj : 27
Kemijski simbol: Co
Grupa VIII B prvi red do mora u tranziciji Element

Glavni rude kobalta je cobaltite . Čisti metal se dobiva prženjem ove rude . Naziv kobalt dolazi od njemačke ' Kobold ' koji se odnosi na zlog duha . Rudari su se često , rekao je da se nesreća se javljaju u vidu su uzrokovane ' Kobold ' . Kobalt je dodan čeliku poboljšati otpornost na koroziju . Kad kobalt je pomiješana s volframa i bakra , čini stellite , metala koji zadržava svoju tvrdoću na visokim temperaturama što ga čini idealnim za velike brzine bušilice i rezanje instrumente . Kao i željeza kobalta lako magnetiziran . Moćna magnetska tvar poznata kao alnico je legura kobalta, aluminija i nikla .

NICKEL
Atomski broj : 28
Kemijski simbol: Ni
Grupa VIII B prvi red do mora u tranziciji Element

Nikal se često dodaje drugih metala kao što su željezo i čelik u obliku slitine otporne na oksidaciju . Nichromemetala koriste kako bi grijanje u tostera i električne pećnice je legura kroma i nikla . Visok električni otpor nikromom kombinaciji s visokim tališta ga činivrlo učinkovit materijal za pretvaranje električne energije za zagrijavanje . Važna uporaba metala u nikal - kadmij baterije . Ova baterija je punjiva što ga čini osobito korisno kod kalkulatora , računala i bežičnim električne brijače .

BAKAR
Atomski broj : 29
Kemijski simbol: Cu
Grupa IB prvi red do mora u tranziciji Element

Upoznati korištenje vode u cijevima koje nose vodu u kuhinji . Budući da bakar je jedan od najboljih dirigenata struje , bakrene žice su naširoko koristi za prijenos električne energije iz elektrana na kućama , uredima, tvornicama i ostalim građevinama i iz zidne utičnice za električne aparate . Bakar je nekada bio korišten da bi tipke za jedinstvenim jakni za policajce stogakolokvijalni ' bakra ' za policiju . Brass ,legura bakra i cinka ima široku paletu koristi od hardvera do cinka .

CINK
Atomski broj : 30
Kemijski simbol: Zn
Skupina B sam prvi red do mora u tranziciji Element

U svom čistom stanju , cink jekrhki , srebrno metal . To je relativno otporan na koroziju i brzo formira tvrdi oksid premaz koji ga sprečava da reagira dalje s zraku . U procesu nazvanom galvanizacija ,sloj cinka prevučena preko čelika za sprečavanje korozije . Metal ima mnoge druge koristi . Jedan odnajvažnijih je u zajedničkom cell baterija suhom . Od 1981 cink je služio kao glavni metala u SAD- peni . Cink je također povezano s bakra u obliku mjedi .

galijum
Atomski broj : 31
Kemijski simbol: Ga
Grupa IIIPost Transition Metal

Galij jeizuzetno mekana metal s vrlo niskim talištem i izuzetno visoke točke vrenja 2403 Celzijeva stupnja . Raspon temperatura na kojoj galij je tekućina jenajveći od bilo koje poznate metala . To ga čini korisnim za posebne visoki stupanj termometrima . Donedavno nekoliko praktične primjene galija bili poznati . To se brzo promijenilo s otkrićem da je galij arsenida mogao funkcionirati kao laserska dioda i pretvoriti električnu energiju izravno u laserske svjetlosti . Svjetlosne diode se koriste u različitim satova i aUtodisc igrača .

germanijum
Atomski broj : 32
Kemijski simbol: Ge
Grupa IVmetaloidni

Germanija jerelativno rijetka tamnosivi kruti element . Nikada se nalazi u čistom obliku u prirodi , ali u kombinaciji s kisikom . Germanij se zovepoluvodiči . Dodavanje male količine nečistoća znatno povećava svoje kapacitete za provođenje električne energije . ' Dopirane ' germanij se koristi za izradu tranzistora koji su u srcu statičkog elektroničku industriju . Uz doping desetke tisuća tranzistora sada može biti formirana na malom germanij čip koji zapravo postajemalo računalo . Takvi materijali omogućili surevolucija u elektronici minijaturizacije .

ARSENIC
Atomski broj : 33
Kemijski simbol: Kao
Grupa VA metaloidni

Arsen je krhko kristalna krutina pri sobnoj temperaturi . U obliku arsenious oksida je dobro poznato otrov . Se koristi kao insekticid i korova . Arsen kao otrov je zarobljen maštu mnogih pisca kriminala . Prije najnovijim dostignućima u forenzičkim tehnikama , bilo je nemoguće otkriti u tijelu žrtve . Iako jeotrov , arsen spojevi su korišteni za ljekovite svrhe , kao i , najpoznatiji biće '606 ' osmislio je Paul Ehrlich kao lijek za sifilis .

selen
Atomski broj : 34

Kemijski simbol: Se
Grupa VI metaloid

Selen ležaj minerali su previše rijetki su minirana profitabilno . Jer metaloid nalazi u društvu bakra i sumpora , gotovo sve selen dobiven kao pa- proizvoda bakra i preradi za proizvodnju sumporne kiseline . Selen postoji u dva oblika -crvene i sive . Gray selena jefotovodički što znači da, iako jeslab vodić električne energije Obično, to postaje i odličan dirigent u prisutnosti svjetlosti . To čini selena vrijedan kao light senzor u robotici i lakih metara .

brom
Atomski broj : 35
Kemijski simbol: Br
Grupa VIIHalogeni

Brom jetekućina crvenkaste s oštar miris . Njezino ime dolazi od grčke bromos znači smrad . Brom se mogu naći u morskoj vodi , podzemnim rudnicima soli , i dubokim salamuri bunara . Glavnih korištenje broma je u proizvodnji benzinsku aditiv zove etilen dibromide . Ovaj spoj se uklanjaju olovnog aditiva nakon izgaranja goriva sprečavanju stvaranja depozita olova . Brom je izuzetno toksičan i opekline na koži . Štoviše njegove štetne pare može oštetiti nos i grlo .

KRYPTON
Atomski broj : 36
Kemijski simbol: Kr
Grupa VIII A plemenite plinove

Godine 1933 Linus Pauling osporio ideju da su plemeniti plinovi bili kemijski inertan . Postojanje spoja prorekao Kripton i fluora je potvrđeno 1966 . Krypton jebez okusa i mirisa , bezbojan potpuno bezopasna plin . Njegova glavna uporaba je u ' neonskih svjetala ' koje sudio modernog pejzaža . Kada je zapečaćena u staklene cijevi i podvrgnuti električnog pražnjenja , Krypton proizvodi blijedo ljubičastu boju koja se koristi za zračne piste i prilaznih svjetala . Krypton također koristi pomiješan s xenon u visokom intenzitetu , kratkog izlaganja fotografskih bljeskalica žarulje ili strobe svjetla .

rubidijum
Atomski broj : 37
Kemijski simbol: Rb
Skupina IA alkalijskih metala

Rubidijev jesrebrno , vrlo mekana vrlo reaktivan metal koji gori spontano kada je izložen zraku . Također reagira burno s vodom davanje velike količine vodika koji je odmah rafala u plamenu zbog topline koju reakcije . Rubidijev je previše reaktivni postojati kao čisti metal u prirodi i nekoliko rubidijev ležaj minerali su poznati . Rubidijev ima malo komercijalnu vrijednost . Metal je otkrivena u 1861 od strane njemačkih kemičara Robert Bunsen i Gustav Kirchoff . Ga identificirali su spektralnih linija kao nečistoća među mnogim alklijskim da su istraživali .

stroncijum
Atomski broj : 38
Kemijski simbol: Sr
Skupina IIA zemnoalkalijskih metala

Stroncij ima malo komercijalno korištenje i njegovi spojevi su otkrili samo ograničenu primjenu u industriji . Budući stroncija soli kao što su stroncij karbonata emitiraju karakterističan crvenu boju kad su spali , a koriste se baklje upozorenja autocesta i vatrometom . Jedan od izotopa stroncija , Sr - 90 jeradioaktivni nusproizvod nuklearnih eksplozija i mogu kontaminirati velike površine u okoliš kroz ispadanje iz atmosfere . Budući stroncij 90 je predočiti urana prolazi fisija, operateri nuklearnih reaktora moraju biti stalno na oprezu kako bi spriječili njegovo nehotično ispuštanje u okoliš .

itrijum
Atomski broj : 39
Kemijski simbol: Y
Grupa III B Prijelaz Element

Yttrium nalazi u malim količinama u Zemljinoj kori , ali su stijene vratio s Mjeseca je neočekivano visoki sadržaj itrijevim . , Kada se temperatura spusti do samonekoliko stupnjeva iznad apsolutne nule , gotovo svi metali ne pokazuju električni otpor god . Ekstremno niske temperature su nepraktični međutim . Godine 1987 znanstvenika objavio otkriće spoja itrijev , bakra i barij oksid koji je supravodljivim na 93 stupnjeva Kelvina . Ostale mješavine ovog elementa su pod istragom , a postoji optimizam da je jedan od njih će ispasti da sepraktično visoke temperature supravodiča .

Cirkonij
Atomski broj : 40
Kemijski simbol: Zr
Grupa IV B Prijelaz Element

Cirkonij jejaka , izdržljiva metalna . Njegova sposobnost da izdrži visoke temperature činiidealnim sastojak za toplinske materijala otpornih na letjelice . Najpoznatiji spoj cirkona jemetal cirkona . To je poznato od davnih vremena , pa čak i iz Biblije . Pronađeno u raznim bojama , kada jekristalno je izrezati i polirana se smatrat poludragog dragulj . Cirkon ima izuzetno visok indeks loma . Zbog toga , njegovi bezbojni kristali imaju neobičan sjaj i ponekad se koriste kao zamjena za dijamantima .

niobijum
Atomski broj : 41
Kemijski simbol: Br
Grupa VB Prijelazni element

Metal niobij bila važna u povijesti visokog supravodljivost . Legure koja se sastoji od niobija i germanij ima sposobnost da izdrži velike struje koje omogućavaju izgradnju supravodljivi magneti za takve instrumente što je nuklearna magnetska rezonantne skeneri koriste u dijagnostici medicine . Niobij dodaje čeliku za posebne namjene . Na visokim temperaturama granice između malih zrnaca koje čine nehrđajućeg čelika oslabiti i nagrizati lakše od ostatka čelika . Dodatak niobij sprečava ovu iz događa čime čelika izdržati mnogo veće temperature pod ekstremnim stresom .

molibden
Atomski broj : 42
Kemijski simbol: Mb
Grupa VI B Prijelaz Element

Molibden jeteško srebrno metal . Prilično veliki depoziti sulfatnoj se nalaze u Coloradu , SAD . Čelik sadrži molibden je dobro prilagođen za zrakoplove i auto dijelova motora . To je u stanju izdržati temperature i tlaka promjene stalno događaju u motoru . Iz istog razloga se koristi u proizvodnji i topova . Jedan od radioaktivnih izotopa , molibden - 99 se koristi u bolnicama za generiranje tehnicija -99 koji je vrlo korisno za fotografiranje unutarnjih organa , nakon što se uzima interno .

Tehnecij
Atomski broj : 43
Kemijski simbol: Tc
Grupa VII B Prijelaz Element

Tehnecij bioprvi element će se proizvoditi u laboratoriju iz druge element.Logically to uzima svoje ime od grčke teknetos znači umjetnu . Svaki je radioaktivni izotop i raspada se formira izotop drugom elementu . Danas nuklearni reaktori proizvodnju jednog od najkorisnijih izotopa tehnecija, tehnecija -99m . Kada je u ubrizgava u vene pacijenta ,izotopa će se koncentrirati na određene organe tijela i njegova radioaktivnost će izlagati fotografsko ploču otkriva kako su ti organi funkcioniraju .

rutenijum
Atomski broj : 44
Kemijski simbol: Ru
Grupa VIII B Prijelaz Element

Rutenij je rijetka element koji se obično izolira kaonusproizvod rafiniranja platine ruda . Rutenij uglavnom se koristi kao katalizator u industrijskim procesima . To je bio korišten kao katalizator u dobivanju plina vodika izravno razdvajanje molekula vode , a ne electrolysis.Rutheniumis također koriste u poslovanju nakita kao otvrdnjavanja dodatak platine i često dodaje titan poboljšati otpornost na koroziju . Ostale legure Ru koriste u nalivpero bodova i posebnih električnih kontakata .

rodijum
Atomski broj : 45
Kemijski simbol: Rh
Grupa VIII B Prijelaz Element

Rodij jerijetka , vrlo teško srebrno sivi metal . Je otkrio William Wollaston u 1803 . On je dobio ime po grčkoj riječi rhodon za ruže , jer su mnogi od soli imaju Ruža . To se koristi u katalitičkim pretvarači automobila . Ispušni plinovi sunajveći izvor onečišćenja atmosfere . Katalitičkog pretvarača je ispunjen malim katalitičkim perle sadrže platinu, paladij i rodij koji pretvoriti vruće ispušne plinove koje prolaze kroz njih u bezopasne proizvoda .

PALLADIUM
Atomski broj : 46
Kemijski simbol: Pd
Grupa VIII B Prijelaz Element

Paladij jemekani, srebrno bijeli metal koji podsjeća platine . To je iznimno savitljiv i rastezljiv . Zanimljivo korištenje paladija nastao kada serendipitously je utvrđeno da je korisna u liječenju karcinoma inhibicijom diobe i bio je relativno slobodan od sporednih efekata . S pola života samo 17 dana ,palladium103 izotopa može isporučiti snažne doze zračenja uništiti rak , a zatim nestaju nakonmalo više od mjesec dana .

SILVER
Atomski broj : 47
Kemijski simbol: Ag
Grupa IB Prijelazni element (kovanica Metal)

Srebro je jedan od rijetkih metala nalaze u slobodnom stanju u prirodi i njen simbol Ag dolazi od latinske riječi argentum koja znači srebro . To jekovanica metal od biblijskih vremena , možda čak i ranije . Od svih metala , srebro jenajbolji vodič topline i električne energije . Obično se ne koristi u kući ožičenja zbog troškova , ali intenzivno koristi u proizvodnji visoko kvalitetne elektronske opreme .

CADMIUM
Atomski broj : 48

Kemijski simbol: Cd
Skupina II B Prijelaz Element

Kadmij je prisutan u takvim velikim količinama cinka rude koja se općenito smatranusproizvod rafiniranja cinka . Glavni upotreba metala je u galvansko od čelika kako bi se spriječilo koroziju . To se koristi manje od cinka često jer je manje obilna i ima sklonost da uzrokuje zdravstvene probleme . Sposobnost da apsorbiraju neutrone kadmija je od velike važnosti u dizajnu kontrole nuklearnog reaktora šipke . Kadmij također se koristi kao crvene i žute na stvaranje pigmenta boje .

indijum
Atomski broj : 49
Kemijski simbol: U
Grupa IIIPost je prijelazni metal

Indij je rijedak plavičasto bijeli metal dovoljno mekano ostaviti tragove sebi kada snažno gumiran protiv drugih metala . Čista indij ima nekoliko komercijalnih programa i uglavnom se koristi kao legure s drugim metalima . Legure od indija i srebra i indija i olova su bolji vodiči od srebra ili voditi sama . Također su našli primjenu u proizvodnji tranzistora i foto stanica . Indij folije često se umeću u nuklearnim reaktorima za kontrolu nuklearne reakcije . Stopa po kojoj su ti folije postali radioaktivni služi kao vrijedan mjerenje reakcije koje se odvijaju .

TIN
Atomski broj : 50
Kemijski simbol: Sn
Grupa IVPost Transition Metal

Tin je bio među prvih metala koji se koriste od strane čovjeka . Bronca ,legura bakra i kositra je korišten u Egiptu prije više od 5000 godina . Danas se uglavnom koristi kao sredstvo za legiranje i da limene ploče koji je čelik folija prekrivena s tankom prevlakom od kositra . Zbog tin štiti čelik iz hrane kiselina , tin plate se koriste kako bi limenke za hranu , ali je sada uglavnom zamijenjen plastike i aluminija . To je jedan od najvažnijih poznatih kovan metala .

ANTIMON
Atomski broj : 51
Kemijski simbol: Sb
Grupa VA metaloidni

Antimon jekrhki , kristalna , sivo , čvrsta . Iako je poznat kao metal , to jevrlo slab vodič električne energije . Rude koja služi kao primarni izvor jemineralna stibnite . Black spoj, to je bio korišten u davna vremena potamniti ženske obrve . Glavnih korištenje za antimona je zajedničko šibica . Glava šibica sadrži mješavinu antimonova trisulfida i oksidacijskim sredstvom , kao što je kalijev klorat . Antimon ima neke druge komercijalne namjene . Kao legura može povećati tvrdoću mnogih metala .

telur
Atomski broj : 52
Kemijski simbol: Te
Grupa VI metaloid

Tellurium jerijetka srebrno - bijeli nemetal . Za razliku od tipičnih metala , to je krhak islab vodič električne energije . Tellurium je jedan od rijetkih elemenata koji kombinira sa zlatom . Spojevi se oblici zovu zlatne tellurides i oni čine vrlo važnu komponentu zlatnih nosivih ruda . Telurij često je dobiven kao sporedni produkt u doradu zlata i bakra . Glavni Upotreba telurom je kao dodatak takve metala bakra i nehrđajućeg čelika kako bi se stvorio legure koja je lakše stroj od izvorne metala .

JOD
Atomski broj : 53
Kemijski simbol: I
Grupa VITA halogeni

Jod jeljubičasta crna čvrste naći u alge , slanica bunara i na moru . Iakootrov , jedan od njegovih najčešćih koristi se kao antiseptik otopina tinkture joda . Jod soli se dodaju kuhinjske soli i stočne hrane . To je učinjeno kako jod jevažan sastojak hormona tiroksina luče žlijezde štitnjače i pomaže osigurati da žlijezda funkcionira ispravno . Srebrni jodid ima sposobnost da stvori ogroman broj kristali - čak milijun milijardi od jednog grama - koji djeluju kao nukleusa za formiranje kapljica kiše .

XENON
Atomski broj ; 54
Kemijski simbol: Xe
Grupa VIII A plemenite plinove

Xenon postoji u atmosferi u samo tragovima . Poput ostalih plemenitih plinova postoji kao Monoatomsko molekule koja nema miris boje ili okusa . Godine 1962 , Neil BartlettEngleski kemičar napravio prvi plemeniti plin spoj . On je u kombinaciji xenon i Platinum heksafluorid i koliko bi njegov zaprepaštenje stekao solidne , žuto - narančasto spoj koji se sastojao od molekula xenon , platinim i fluora . Do danas ksenon i kripton su plemeniti plinovi samo zna da tvore spojeve . Poput drugih plemenitih plinova , xenon se koristi u električno pražnjenje cijevi proizvesti svjetlo .

Cezij
Atomski broj : 55

Kemijski simbol: Cs
Skupina IA alkalijskih metala

Pure cezija jenajmekši metal poznat . Njegov ekstremni reaktivnost je to korisna u uklanjanju štetnih plinova iz vakuumskih sustava na primjer u televizijskom cijevi . Izotopa cezija - 133 služi kao svjetski službene mjera vremena . Drugi se mjeri u odnosu na zračenja koje cezija 133 atoma , kada je uzbuđen vanjskog izvora energije , a ne u smislu zemljine rotacije oko Sunca , kao što je nekad bila . Drugi je opisao kao proteklo vrijeme od točno 9192531770 vibracije zračenja koje caesuim - 133 atoma .

BARIUM
Atomski broj : 56
Kemijski simbol: Ba
Skupina IIA zemnoalkalijskih metala

U obliku topljive soli , barij je vrlo otrovan . S druge strane, u netopivim oblicima je bezopasan za ljudsko tijelo . Radiolozi koristiti barijev sulfat ispitati pacijenta crijevni trakt s Xrays.Barium sulfat ima i niz drugih koristi na temelju svoje niske topljivosti u vodi i bijeloj boji . Ona se koristi kao bjelilo na fotografskim pločama i kao punilo u pisanju papir , plastiku i umjetnih vlakana . Barija metal ima nekoliko komercijalne aplikacije zbog svoje spremnosti da reagiraju s kisikom i vlagom .

lantan
Atomski broj : 57
Kemijski simbol: La
Grupa III B element rijetke zemlje (lantanide)

Lantana jeprvi od rijetkih zemalja nizu elemenata . To je uobičajeno nalaze mnoge rijetke elemenata koji se udružuju u jednom minerala . Vjerojatnonajvažniji korištenje lantanida spojeva je u izrade elektrode za visokim intenzitetom ugljika luk svjetiljke koje se koriste u reflektore , studio rasvjete i filmskih projektora . Lantana i njegovi izotopi nalaze se u fragmentima koji se proizvodi kada urana fissions . To jeotkriće lantana izotopa , kao i one od barija njemački kemičar Otto Hahn koji je na kraju dovelo do ideje nuklearne fisije .

cerijum
Atomski broj : 58
Kemijski simbol: Ce
Grupa III B Rare Earth Elements (lantanide)

Cerij ime je dobio po asteroidu Ceresu čije je otkriće u 1801 izazvao veliko uzbuđenje u znanstvenom svijetu . Čista metalni oblik cer nije bila pripremljena do 1875 . To ježeljezna siva metal koji je vrlo savitljiv i rastezljiv . Cerij spojevi poput onih lantana komercijalno koriste u obliku elektrode visokog intenziteta ugljika luk svjetiljke .

Kaooksid cerium se koristi kao dodatak zidovima self- čišćenje pećnice gdje se čini da se spriječi nakupljanje kuhanje ostatke .

Praseodimij
Atomski broj : 59
Kemijski simbol: Pr
Grupa III B Rare Earth Elements (lantanide)

To je otkrio Carl Auer von Welsbach , austrijskog baruna koji je imao interes za mineralogiju . Čisti metal izolirati iz ruda ion-izmjenjivačkom tehnike . Proces izmjene se koriste za izoliranje jednu vrstu iona tako da zamjenom s drugim . U jednom takvom postupku je aktivni sastojak jesmola sastoji od velikih molekula koje imaju netlike strukturu . Smola sadrži mobilnih iona labavo spojeni na mrežu . Kada seotopina koja sadrži drugih iona je prošao kroz smolu , zamjenjuju mobilne ione koji potom difundirati iz mreže .

neodimijski
Atomski broj : 60
Kemijski simbol: Nd
Grupa IIIRare Earth Elements (lantanide)

To jemagnetska tvar koristi za stvaranje nekih od najjačih magneta na svijetu . U supermagnets su poznati kao NIB magneta jer sadrže željezo i bor kao well.they su toliko jaki da su dvije male magneti s novinarima na obje strane nečije ruke bez pada . Nd magnet sa samo pola cola je dovoljno jaka da odgovori na magnetske materijale u grafičkoj tinte koja se koristi u papirnati novac i može se koristiti za otkrivanje krivotvorene . Također se koristi u roze boje stakla !

Prometij
Atomski broj : 61
Kemijski simbol: Pm
Grupa III B Rare Earth Elements (lantanide)

Nema traga Promethium je pronađen na Zemljine kore , ali to je identificiran u spektru nekoliko zvijezda u Andromeda galaksiji . To je sintetski rijetka je element izrađen u nuklearnih akceleratora i nuklearnih reaktora . Kada je podvrgnut Neodimij intenzivne neutronska zračenja prisutne u reaktoru , da se pretvara u Prometij . 28 izotopa elementa su do sada bili sintetizirani sve sa ciljem da radioaktivni. Vrlo se malo zna o kemijskim i fizikalnim svojstvima čistog Promethium .

Samarij
Atomski broj : 62
Kemijski simbol ; Sm
Grupa III B element rijetke zemlje (lantanide)

Glavne rude iz Samarij su bastnasite i monazite . Monazite rude često sadrže čak 50 % svoje težine u rijetke zemlje nalaze u riječnim pijeskom u Indiji i Brazilu, a na Floridi plaže sand.In svom čistom obliku samarija ima srebrni sjaj , te je prilično otporan na oksidaciju . Ipak će se zapaliti metala spontano pri niskim temperaturama . Neki spojevi ovog elementa su korišteni u izradi permanentnim magnetima . Samarij oksid je izvrstan upijanje infracrvenog zračenja te se dodaje u tu svrhu do raznih vrsta stakla i infracrvene osjetljive fosfora .

evropijum
Atomski broj : 63
Kemijski simbol ; Eu
Grupa III B element rijetke zemlje (lantanide)

Europij je jedna od rijetkih od rijetkih zemnih metala . U 1901 francuski kemičar Eugene - Anatole Demarcay konačno izolirani onečišćenje u samarija - gadolin uzorak je studirao i identificirali nečistoću kao nova elementa . Pure europrj je mekani i srebrno bijele . To je vrlo savitljiv i jedan od najvažnijih reaktivni od rijetki zemnih metala . Europium oksid se dosta često koristi kao dodatak za poboljšanje učinkovitosti crvenog fosfora u televizijskim i računalnim monitorima . Također se koristi za povećanje energetske učinkovitosti fluorescentne svjetiljke .

gadolinijum
Atomski broj : 64
Kemijski simbol: Bg
Grupa IIIA element rijetke zemlje (lantanide)

Dva izotopi gadolin su među najjačim amortizera neutrona . Iako njihovi nestašice ograničenja koristiti , oni se koriste u izradi kontrolne šipke za nuklearne reaktore . To feromagnetni što znači da je vrlo snažno privlači magnete . Međutim njegova Curie točka ,temperatura na kojoj magnetski materijal gubi magnetizam je oko sobne temperature . To je dokazano od vrijednosti u tehnici sondiranje unutrašnjost metala pod nazivom neutronska radiografiju . To se koristi u zrakoplovnoj i brodogradnji industrije tražiti skrivene mane i strukturnih slabosti u trupa i fuselages .

terbijum
Atomski broj : 65
Kemijski simbol: Tb
Grupa III B element rijetke zemlje (lantanide)

U čistom obliku metalik , terbijum jesrebrno - bijeli , kovan , savitljiv i dovoljno mekana da se rezati nožem . Ona nosi podsjeća da vodi , ali to je mnogo teže . Kao olovo je prilično otporan na koroziju . Spojevi Terbij imati osniva koristi u posebnim lasera i kao fosforom koji proizvode zelene boje u televizijskim cijevi i računalnih monitora . Ostali programi obuhvaćaju proizvodnju legura s posebnim magnetska svojstva za uporabu u kompaktnih diskova i na proizvodnju visoke razlučivosti X - ray ekranima .

rijetki metali
Atomski broj : 66
Kemijski simbol: Dy
Grupa III B element rijetke zemlje (lantanide)

Disprozij zauzima deveto mjesto u izobilju među rijetke zemlje elemenata u Zemljinoj kori . Otkriveno je 1886 francuski kemičar Paul- Emile Lecoq de Boisbaudran na uzorku od crbij oksida . On se temelji svoje ime na grčke riječi dysprositos što znači teško doći. Čista disprozij nije bio dostupan do 1950, kada su se razvili moderni kemijskim tehnikama kao što je ion-exchange odvajanje . Disprozij sliči većina drugih rijetkih metala. To je dovoljno mekan da se može rezati nožem , ima sjajnu srebrnu boju i relativno je stabilan u suhom zraku .

Holmium
Atomski broj : 67
Kemijski simbol: Ho
Grupa III B element rijetke zemlje (lantanide)

1878 , dva švicarski znanstvenici primijetili Holmium je karakteristična spektralne linije , ali nije ih mogao prepoznati . Zvali su nepoznati izvor spektralnih linija elementa X. Ubrzo nakon toga u 1879 Švedski kemičar po Teodor Cleve izoliran i identificiran element dok je radio s mineralnim zove erbia . Pure metalik holmij koji nije bio dostupan donedavno ima svijetlu srebrnom bojom . To je prilično otporan na koroziju na suhom zraku , ali brzo potamni stajanjem u vlažnom zraku formira žućkast oksid . Osim uporabe kao boje za staklo , ima nekoliko komercijalne aplikacije .

erbijum
Atomski broj : 68
Kemijski simbol: Er
Grupa III B element rijetke zemlje

Erbij je otkrio Carl Gustaf Mosander u žutom oksida koji je izoliran od mineralne itrijem . Mosander zoveelement za švedskog selu Ytterbystranice velikih koncentracija itrijem i erbija . Glavni izvori erbija suminerali xenotime i euxerite . Erbij kao i drugi elementi rijetkih zemalja je zapravonečistoća u tih rudača . U komercijalne primjene erbija prilično ograničene . Njegova oksidi često se dodaju stakla i emajla glazure za bojanje ih ružičasta . Stakla se često koristi za sunčane naočale i jeftin nakit .

tulijum
Atomski broj : 69
Kemijski simbol: Tim
Grupa IIIB element rijetke zemlje (lantanide)

Tulij jerijetka zemlja element koji je iznimno rijedak. To se događa u vrlo malim količinama u društvu drugih rijetkih zemalja . Švedski kemičar po Teodor Cleve otkrio element u 1879 i imenovan za Thule , antičkog imena za Skandinaviju . Glavni izvor Tulij jemineral monazite koji se sastoji od oko sedam tisućinki 1 % Tulij . Ona ima nekoliko komercijalne aplikacije osim što se koristi u lasere . To je skupo , ali vrlo malo je metal dostupan za eksperimentiranje .

iterbijum
Atomski broj : 70
Kemijski simbol: Yb
Grupa III B element rijetke zemlje (lantanide)

Iterbij ,prva rijetkost element koji treba biti otkrivena je pronađena u skromnim izobilju u Zemljinoj kori i uvijek u društvu rijetkih zemalja . To je otkrio francuski kemičar Jean de Marignac u 1878 , kao sastavni dio minerala poznat kao erbia i nazvan po švedskom selu Ytterby na temelju njezinih visokih koncentracija erbija . Pure iterbijev metal nije bio dostupan za studije do 1953 . Svoje poslovne aplikacije su kao legiranja agent s nehrđajućeg čelika . Neke slitine su također korišteni u stomatologiji .

Lutecij
Atomski broj : 71
Kemijski simbol: Lu
Grupa III B element rijetke zemlje (lantanide)

Iako nikada nije službeno objavio svoje rezultate , američki kemičar Charles James je sada smatraju da su otkrili Lutecij u 1907. Radno vrijemeranih 1900-ih na Sveučilištu u New Hampshireu , James je postaoglavna snaga u proizvodnji rijetkih zemalja . On i njegovi studenti će obraditi tona rude i rada kroz kristalizacijama proizvesti jedan uzorak . Pure lutecij metal je teško i skupo za pripremu . To jenajteže inajteži element rijetke zemlje . Nema komercijalne aplikacije su razvijene .

Hafnij
Atomski broj : 72
Kemijski simbol: Hf

Grupa IV B Prijelaz Element

Hafnij je svojstva kao i njegova povijest usko su vezani za cirkona . Mnogi su predviđali postojanje elementa 72 , alisveprisutnost njegove kemijske blizanca omelo njegovu identifikaciju . Osnovna uporaba hafniju temelji se na jednom od svojih rijetkih razlika od cirkona . Njegova sposobnost da apsorbira termalne neutrone činikoristan materijal za kontrolu reaktor šipke . Glavne prednosti hafniju usporedbi s drugim materijalima štap je čvrstoća i otpornost na koroziju . Nažalost u prilično velikom reaktoratrošak hafnija šipki može biti 1 milijuna dolara ili više .

tantal
Atomski broj : 73
Kemijski simbol: Ta
Grupa VB Prijelazni element

Tantal jevrlo teško i vrlo teških metala . Njegov kemijski inertnost tantala čini vrlo otporan na djelovanje tvari u ljudskom tijelu . To je dovelo do mnoštva aplikacija u stomatološkoj i medicinskoj operacije . Tantal kao legirajućih agenta pridonosi otpornosti na koroziju , duktilnost , tvrdoću i visoku točku taljenja na različitim drugim metalima . Još jedna od glavnih primjena tantala je u izgradnju male, ali moćne elektrolitski kondenzatori . Ovi kondenzatori su posebno korisne u minijaturnom elektroničke sklopove koji se nalazi u srcu takve uređaje što su mobilni telefoni i računala .

VOLFRAM
Atomski broj : 74
Kemijski simbol: W
Grupa VIB Prijelazni element

Jedan od najvažnijih koristi volframa je za proizvodnju vlakana za zajedničke žarulju . Volfram ima najvišu točku topljenja -3410 stupnjeva C , a najviša točka ključanja 5900 stupnjeva C - od bilo kojeg metala . Temperatura aplikacije visoki volframa u rasponu od grijača u električne grijalice do mlaznice na raketnim motorima od svemirskih vozila . Struja teče kroz smotan žice od volframa proizvodi dovoljno topline da bižice bijele vruće . Da bi se spriječilo pregrijavanje metal inertni plinovi , kao što su dušik i argon su zatvoreni u žarulja sadrži volframovom niti .

renijum
Atomski broj : 75
Kemijski simbol: Re
Grupa VIIB Prijelazni element

Renij jedan odnajrjeđih elemenata otkrivena u platine rude njemački kemičari Ida Tacke , Walter Nodack i Otto Carl Berg u 1925 . To jeizuzetno gusta metal srebrno sivi sjaj i tališta slabije jedino od volframa i ugljika . To jeosnova za Renij je korištenje u kombinaciji sa žaruljama bi termoelementa za mjerenje temperature čak do 2000 stupnjeva C . Renij se uglavnom koristi kao sredstvo za legiranje izrade metala koje su otporne na habanje , kao što su one potrebne za električni prekidač kontakata i elektrode .

osmijum
Atomski broj : 76
Kemijski simbol: Os
Grupa VIIIB Prijelazni element

Budući da je čista metalna teško napraviti , osmij često je proizveden u obliku praška koji se zatim oblikuje u čvrstu masu, uz zagrijavanje . Puder oksidira na zraku i polako emitira kao jakog mirisa otrovnih plinova u stanju izazvati pluća i kože štetu . Emisija njegovog oksida otrovnog plina omogućujekorištenje osmij metala nepraktično . Kaolegiranje aditiva no to je sasvim sigurno i je uglavnom koristi za izradu tvrdih legura s takvim metala kao platine i iridija . Ove legure se koriste za električni prekidač kontakata , fonograf igle i nalivpera savjete .

IRIDIUM
Atomski broj : 77
Kemijski simbol: Ir
Grupa VIII B Prijelaz Element

Iridium jekrhki žućkasto bijeli plemenitih metala . To se obično nalazi u rudama sadrže platinu ili nikla . Odvojio od tih ruda jenaporno i skupo zadatak koji je opravdano samo uz istodobnu oporavka od platine i nikla . Glavna primjena iridija je kao dodatak platine stvaranju legure koje povećavaju tvrdoću drugoj metala . Iridijevi otpornost na koroziju čini također koristan u proizvodnju predmeta koji zahtijevaju apsolutnu čistoću kao što su potkožne igle i raketnih motora .

PLATINUM
Atomski broj : 78
Kemijski simbol: Pt
Grupa VIII B Prijelaz Element (plemenitih metala)

Mnoge koristi od platine iskoristiti njegove kemijske stabilnosti i inertnost . To se koristi u naftnoj rafineriji , stomatologije , u industriji keramike , električne i elektroničke industrije , te je vrlo cijenjena u izradi nakita . Platinum je također korisno za automobilsku industriju . To pomaže kemijske reakcije koje očistiti ispušni dolazi iz motora automobila , pretvaranje ugljičnog monoksida i neizgorenog goriva u vodu i ugljični dioksid . Osim togabar iridija - platine legure služi kao svjetski standard za kilogram , osnovna jedinica za masu u metrički sustav .

GOLD
Atomski broj : 79
Kemijski simbol: Au
Grupa IB Prijelazni element (plemenitih metala)

Zlato se trguje na burzama roba i fluktuacije u svojoj cijeni smatraju kao pokazatelj zdravlja gospodarstva . To jenajduktilniji i raznovrsniji od svih metala . Jer to je također jedan odnajvažnijih ne reagira, to može održati svoju briljantnu sjaj . U prirodi zlato obično nalazi u obliku čistog metala , često kao nuggets ili pahuljica . Čistoća mjeri kao karata . Čisto zlato je rekao da se 24 - karatnog zlata . Budući da je vrlo mekan , međutim , većina zlatni nakit izrađen od 18 karatnog zlata .

MERCURY
Atomski broj : 80
Kemijski simbol: Hg
Skupina II B Prijelaz Element

Živa je jedini metal koji je tekućina pri sobnoj temperaturi , a ostaje u tekućem stanju u vrlo širokom i prikladnog raspona temperatura . Neke uobičajene kućanskih proizvoda koji sadrže živu su termometri , barometri , termostati , tihi zidne sklopke i fluorescentne žarulje . Industrijska primjena žive su difuzijski pumpe i živine pare žarulje koje generiraju plavkasto bijela svjetla od javne rasvjete . Još jedna korisna vlasništvo živa je njegova sposobnost da raspusti druge metale u obliku legure poznate kao amalgama . Stomatolozi često koriste srebro - živin amalgam ispuniti zube .

talijum
Atomski broj : 81
Kemijski simbol: Tl
Grupa IIIposttranziciji Metal

Zajednički izvor talija je cinka i olova . Ovaj kovan i heavy metal je vrlo aktivan i polako nagriza u zraku . Talij i njegovi spojevi su izuzetno toksični i postoji dokaz da to može izazvati rak . Čak i kontakt s kožom može biti opasno iako vrlo niskim koncentracijama talij se koristi u liječenju ringworms . Talij sulfat jebez mirisa i okusa otrov koji je nekada bio korišten ubiti štakore i insekte , ali sada je zabranjen u nekoliko zemalja .

OLOVO
Atomski broj : 82
Kemijski simbol: Pb

Grupa IV

Olovo jevrlo savitljiv metal koji se lako može radili kako bi posuđe svih vrsta . Olovo kovanica i skulpture pronađene su u egipatskim grobnicama koje datiraju iz 5000 godine prije Krista . To je u velikoj mjeri koriste kako bi elektrode olovne baterije za pohranu . Olovo je takođervažna komponenta lema koristi za izradu električnih priključaka na pločice u računala i televizora . Stakleni ekrani televizora sadrže olovo za zaštitu gledatelja od zračenja . U stvari svaki TV set sadrži skoro pola kilograma olova .

bizmut
Atomski broj : 83
Kemijski simbol: Bi
Grupa VA Post prijelaz Metal

Bizmutni jebijeli krhki metal koji ima lagano žućkastu nijansu . Spoj bizmut subnitrata je korišten kao antacid u liječenju čireva . Bizmut oksid jepopularna žuti pigment koristi u kozmetici . Poput vode bizmutom je jedna od rijetkih tvari koja se širi kada se mijenja iz tekućeg u kruto . Ovaj objekt se koristi za izradu legura čiji volumen ostaje konstantan , kada su se udružiti . Metali legirano s bizmut može se koristiti za kalupe i odljevaka koji zadržavaju svoje točne dimenzije i kada je ispunjen s tekućeg metala .

polonijum
Atomski broj : 84
Kemijski simbol: Po
Grupa VI metaloid

Otkriće polonija Marie i Pierre Curie 1898 definira jedan od najvećih trenutaka u povijesti znanosti je doveo do suvremenog koncepta atomske jezgre i razumijevanje njegove strukture . Polonij ima 27 poznatih izotope i svi su radioaktivni . Jedna najviše dostupne je polonij 210 ,srebrno nemetal koji je vrlo promjenjivo i 100.000 puta više otrovnih od cijanida . U radiološkoj laboratorijimaizotop pomiješana s praškastim berilij često se koristi za proizvodnju velike količine neutrona bez uporabe nuklearnog reaktora .

Astat
Atomski broj : 85
Kemijski simbol: Na
Grupa VIIHalogeni

Male količine Astat postoje , naravno, kao i propadanja proizvoda urana i torija . Astat je prvi put proizveden u 1940 od strane tima radiochemists bombardiranjem bizmuta s alfa čestica . Samo oko 1 milijunti dio grama Astat zapravo je proizvedeno umjetno te je stoga i ne čudi da se malo zna o njegovim svojstvima . Njegova kemija bi trebao biti prilično slična onoj joda , iako postoje dokazi da je možda malo više metalik .

RADON
Atomski broj : 86
Kemijski simbol : RN
Grupa VIII A plemenite plinove

Radon nastaje kao jedan od po proizvodi od radioaktivnog raspadanja uranija i torija . Radon - 222 , njegova najduža vijeka izotop naći u znatne koncentracije SA plina u tlu , jer u tragovima količine urana prisutni su u Zemljinoj kori . Iako raste , duhan je predmet kontaminacije radona iz tla i urana bogatih fosfata gnojiva koriste biljke . Kadduhana u cigareti je izgorjelo ,udisanjem dima subjekata pušač na razinama zračenja 1000 puta veća od onih s kojima se susreću radnika u nuklearnoj elektrani .

Francij
Atomski broj : 87
Kemijski simbol: fra
Grupa sam alkalnih metala

Francij jenajteži od alkalnih metala i jedan odnajvažnijih nestabilnim poznati . Sve svojih izotopa su radioaktivni još ni njegova najduža vijeka izotopa francium - 223 ima vrijeme poluraspada od samo 21 minuta . Od njegovih 30 poznatih izotopa , samo francium 223 postoji u prirodi . Sve druge izotope Francij su proizvedeni u umjetno akceleratora i nuklearnom reaktoru i previše nestabilne da se proučava dublje . Element je otkrivena u 1939 od strane Marguerite Perey radi na Institutu Curie u Parizu . To se zove za zemlju u kojoj je otkrivena .

RADIUM
Atomski broj : 88
Kemijski simbol: Ra
Skupina II A - zemnoalkalijskih metala

Radium je otkrio Marie i Pierre Curie 1898 . Za otkriće radija i polonija , Marie Curie je dobila Nobelovu nagradu za kemiju . To joj je bio drugi ; ona dijeliprvo sa suprugom i Henri Becquerel 1903 za otkriće radioaktivnosti .
Čisti metal radij ima briljantnu bijelu boju te je tako svjetlećim da svijetli u mraku daje off blijedu plavu boju . Radium se koristi u mnogim zdravstvenim ustanovama za generiranje radioaktivnog plina radona koji se koristi za liječenje raka.

aktinium
Atomski broj : 89
Kemijski simbol: Ac

Grupa III B Prijelaz Element (Actinides)

Aktinij jeradioaktivni element koji prirodno proizvodi radioaktivnog raspada dugo živio elemenata radija i torij . Vrlo male količine njega su proizvedene umjetno i ima vrlo ograničen komercijalnu primjenu . Njegova kemijska svojstva nalikuju onima lantana . Isto kao što je lantana , to jeprva u nizu elemenata zove actinides koje su analogne lantanide . Kao rijetkih zemalja , ovi elementi dodati elektrona na unutarnjoj orbitalnoj ljusci , a time i imaju slične fizikalna i kemijska svojstva .

torijum
Atomski broj : 90
Kemijski simbol: Th
Grupa IIIB Prijelazni element (Actinides)

Torij jeradioaktivni srebrno bijeli metal koji potamni stajanjem vrlo sporo kada je izložen zraku . Monazite pijeska od kojih su neki se nalaze u Floridi plaža može sadržavati upto 10 % torij . Unatoč svojoj radioaktivnosti , torij i njegovi spojevi imaju nekoliko komercijalne aplikacije . On služi kao učinkovita emitera elektrona o elektroničkim uređajima . Blistavo svjetlo da je njegova oksid emitira dok gori također čini korisnim u izrade određene prijenosne plinske svjetiljke . Torij 232 ,izotopa s pola života 14 milijardi godina pokazuje veliko obećanje da postaneizvor nuklearne energije u budućnosti .

protaktinijum
Atomski broj : 91
Kemijski simbol: Pa
Grupa III B Prijelaz Element (Actinides)

To je jedan odscarcest i najskuplji sve prirodno postojećih elemenata . Samonekoliko stotina grama su dostupni za proučavanje . Ovaj oskudni iznos uvelike je proizveden u Engleskoj prije 30-ak godina, gdje je izvađen iz 60 tona rude po cijeni od pola milijuna dolara . Ne zna se mnogo o svojim fizičkim i kemijskim svojstvima . To jesrebrno bijeli metal sa svijetlim sjajem da gubi vrlo polako u zraku oksidacijom. Također je poznato da se vrlo toksičan .

uranijum
Atomski broj : 92
Kemijski simbol: U
Grupa III B Prijelaz Element (Actinides)

Uran jeposljednja inajteža od prirodno pojavljuje elemenata . Otkrivena je 1841 , to je bioprvi radioaktivni element koji se može identificirati . Ukasnim 1930-ih kroz eksperimente s urana Njemački znanstvenici Lise Meitner i Otto Hahn promatrati proces koji je kasnije ustanovljeno da senuklearna fisija . Sposobnost neutrona objavljen tijekom fisije urana jezgre na sebe podijeliti druge urana jezgre brzo je korištena od strane znanstvenika stvoriti lančanu reakciju samoodrživ . Kad kontrolirana , ta reakcija proizvodi energiju dobivamo iz nuklearnih reaktora . Kad nekontroliranog to može stvoriti atomsku eksploziju .

neptunijum
Atomski broj : 93
Kemijski simbol: Np
Grupa III B Prijelaz Element (Actinides)

Neptunij bioprvi sintetski transuranium elementa . Rad na ciklotron na Sveučilištu Berkeley u Kaliforniji 1940 , američki fizičari Edwin McMillan i Philip Abelson proizvodi Neptunij bombardiranjem urana s neutronima . Sada je poznato da je u tragovima količine Neptunij d zapravo postoje u prirodi kao posljedica djelovanja neutrona u uran elementa . Trenutno 18 izotopa Neptunij proizvedeno ih sve radioactive.The najvažniji iprvi biti proizvedeno je neptunij 237 s pola života od 2,1 milijuna godina .

plutonijum
Atomski broj : 94
Kemijski simbol: Pu
Grupa III B Prijelaz Element (Actinides)

Plutonij ima 15 poznatih izotopa sve od njih radioaktivni . Plutonij 239 jenajvažniji jer se lako fissions kada bombardirali termalnih neutrona . Kao urana 235 , jezgre atoma od podijeljen u dvije srednje veličine jezgre (zove Fisija fragmenti) ispuštanje velike količine energije i proizvodnju više neutrone kako bi zadržale lančanu reakciju . Pomiješan s prahu berilija , to je učinkovit izvor neutrona za znanstveni rad . Plutonij se može proizvesti u velikim količinama u nuklearnim reaktorima . Izdašnost izvora je tobroj jedan izbor za nuklearno oružje napravio .

Americij
Atomski broj : 95
Kemijski simbol: Am
Grupa III B Prijelaz Element (Actinides)

To je otkrivena u 1944 od strane tima kemičara pod vodstvom Glenn Seaborg.His tima proizvodi americij -241 , jedan od 14 poznatih izotopa svi koji su radioaktivni . Americij 241 je izrađen u velikim količinama u nuklearnim reaktorima . Intenzivne gama zrake predaje ga čini vrlo korisno kao prijenosni izvor X-zraka . Također se koristi u detektori dima .

kirium

Atomski broj : 96
Kemijski simbol: Cm
Grupa III B Prijelaz Element (Actinides)

Curium jesrebrno bijeli metal koji je vrlo reaktivan . Prvi od svojih 14 poznatih izotopa
biti otkrivena je kirium 242 . Curium 242 i 244 kirium su korišteni kao izvora energije u
udaljenim područjima . Zračenje tih izotopa emitiraju se pretvara u toplinu , a zatim se u
električnu energiju pomoću termo uređaja . Iako je relativno kratka pola života ,izlazna
snaga od 242 Curium je impresivan , odnosno oko dva do tri vata po gramu . Ovi
kompaktni uređaji su korisni za pejsmejkera , daljinsko navigacijske plutače i svemirskih
misija .

Berkelij
Atomski broj ; 97
Kemijski simbol : BK
Grupa III B Prijelaz Element (Actinides)

Otkriveno je na Sveučilištu Berkeley u 1949 od strane tima koja se sastoji od Georgea
Seaborg , Stanley Thompson i Albert Ghiorso a ime je dobila po gradu . Da su
sintetizirani pomoću ciklotronu bombardiranje uzorak Americij 241 s alfa čestica .
Koristeći Berkelij 249 , to je moguće da se dobije 1962 3000000000. na gram Berkelij
klorida . Nema komercijalne ili znanstvene aplikacije , ali su razvijeni .

kalifornijum
Atomski broj ; 98
Kemijski simbol: Usp
Grupa III B Prijelaz Element (Actinides)

To je otkrio tim kemičara koriste ciklotron bombardirati kurija jezgrama 242 s alfa
česticama . Izotopa kalifornijum 252 nazvan po državi Kaliforniji spontano emitira
neutrone . Izvori neutronske su povremeno teško doći . Ilinuklearni reaktor je potrebno
ili neki vrlo radioaktivni emiter alfa čestica poput plutonija smije miješati s berilij u prahu .
Otkriće iznimno prijenosni izvor neutrona sugerira mnogo mogućih zahtjeva za
kalifornija 252.It lako se može uzeti u poljima za analizu ulja nosivih slojeva zemlje ili za
rudarstvo zlata i srebra .

Einsteinij
Atomski broj : 99
Kemijski simbol: Es
Grupa III B Prijelaz Element (Actinides)

Albert Ghiorso i njegovi suradnici otkrili ovaj element u 1952 , dok istražuju ostatke od
vodika eksploziji bombe u Pacific.16 izotopa su poznati , najstabilniji biće Einsteinij 254

sa pola života od 252 dana. Većina tih izotopa su proizvedeni u visoke Flux Izotope reaktoru u Oak Ridge National Laboratory u Tennesseeu ozračivanja plutonij 239 s intenzivnim zrakama neutrona .

Fermij
Atomski broj : 100
Kemijski simbol: Fm
Grupa III B Prijelaz Element (Actinides)

Kao Einsteinij , Fermij identificirana je 1952 Ghiorso i suradnicima u krhotine vodika u eksploziji bombe u Pacifiku . Izotopi Fermij nazvana Enrico Fermi obično sintetizira izlaganjem elemenata poput urana i plutonija na intenzivnom neutronskim bombardiranjem . U neutrona bogata okruženju ,kao što je element koji može proći urana uzastopna neutrona hvatanje često apsorbira čak 16-17 neutrona proizvesti teške transuranium elemente .

Mendelevij
Atomski broj : 101
Kemijski simbol: Md
Grupa III B Prijelaz Element (Actinides)

Deveti umjetne elementa transuranium imenovan za Dmitri Mendeljejeva je otkrivena u 1955 od strane grupe znanstvenika pod Albert Ghiorso . Nastavljajući potragu za sve težih elemenatatim koristili ciklotron na Berkeleyu bombardirati Einsteinij 253 s alfa čestica (helij nuclei) i na kraju proizveden Mendelevij 256 . male količine napravio svoj matični vrlo teško . Često se kaže da je ovaj element se sintetizira jedan atom u isto vrijeme . Samo u tragovima količine Mendelevij izotopa su napravljene , a malo je poznato o njihovoj kemiji .

Nobelij
Atomski broj : 102
Kemijski simbol: Nema
Grupa III B Prijelaz Element (Actinides)

U stvaranju Nobelij 254 , Ghiorso i njegovi kolege bombardiraju uzorak Curium 246 s ugljika 12 iona pomoću teških iona linearni akcelerator . 11 izotopi su do sada bili sintetizirani i svi su radioaktivni . Nobelij 259 jenajduže živio s pola života u 57. minuti . Ime je dobio za Alfreda Nobela , to je bio proizveden u količinama dovoljno velike da omogući proučavanje njegovih kemijskih i fizikalnih svojstava .

Lawrencium
Atomski broj : 103
Kemijski simbol: Lr

Skupina B III (The Actinides)

Nastavljajući svoju začuđujući niz otkrića , Berkeley znanstvenici sintetizirani i izoliran Lawrencium 1961 bombardiranjem mješavinu 3 izotopa kalifornijuma s borom 10. i bora 11 iona pomoću teških iona linearni akcelerator . Ciljna težio samo nekoliko milijunti dio grama , alitim je uspio proizvesti lawrencij 258 s poluraspada od 4 sekunde . Ime je dobila u čast Ernest O.Lawrence , izumitelj ciklotron .

Rutherfordium
Atomski broj : 104
Kemijski simbol: Rt
Grupa IV BTransactinide

Povijest natječu potraživanja zbunjeni imenovanje elementa 104 . Momčad iz Berkeley , kao i grupe u Rusiji tvrdio kredit za elementu 104 .American tvrdnja osvojiodan . Ona je dobila ime po Novozelanđanin Ernest Rutherford !

Dubnij
Atomski broj : 105
Kemijski simbol : DB
Grupa VBTransactinide .

Sporna potraživanja njegova otkrića su mučila elementa 105 1970. Ghiorso i njegov tim u Berkeleyu bombardiraju kalifornija 249 s teškim dušika 15 iona i pozitivno identificirati element koji se zove po Otto Hahn i dobio odobrenje iz Američkog kemijskog društva . Međutim u 1997IUPAC odlučio t promijeniti ime u Dubnij . Njegova kemijska i fizikalna svojstva su nepoznati .

Seaborgium
Atomski broj : 106
Kemijski simbol: Sg
Skupina B VITransactinide

Kao i ostale dvije spornih elemenata ,tvrdnja o otkriću elementa 106 , uz pravo na to ime je bilopredmet spora . Godine 1974 ,Ruski tim je izjavio da su proizvedene unnilheksij . Budući da eksperimenti nisu uspjeli potvrditi svoju rezultat , njihov zahtjev je bio u nedoumici . Otprilike u isto vrijeme , znanstvenici na Berkeleyu izvijestio o otkriću unnilheksij 263. poslije bombardira kalifornija 249 s kisikom 18 . Godine 1993 , znanstvenici u Lawrence Livermore i Berkeley Laboratories ponoviti eksperiment i potvrdio rezultat . Ime je dobila u čast Glenn Seaborg .

Bohrij
Atomski broj : 107
Kemijski simbol: Bh
Skupina B VIITransactinide

Godine 1981 ,stvaranje unnilseptij je najavio fizičara koji rade u Darmstadtu u Njemačkoj na GSI . Tim je predložio ime nielsbohrium nakon Neils Bohr . Njihova istraživanja su potvrdila potraživanja u 1992 IUPAC . Godine 1997 , promijenili su ime u Bohrij .

Hassium
Atomski broj : 108
Kemijski simbol : HS
Grupa VIII BTransactinide

Godine 1984momčad koju vodi Peter Ambruster i Gottfried Munzenberg najavio otkriće unniloktij , element 108 . To jeista ekipa koja je sintetizirani Bohrij . Naziv predložili bio Hassium nakon haasia latinskog naziva za njemačke državne Hessen . Godine 1992IUPAC potvrdila nalaze i imena . Kemijska i fizikalna svojstva su nepoznati .

Meitnerij
Atomski broj : 109
Kemijski simbol: Mt
Grupa VIII BTransactinide

Godine 1982 ,u Darmstadtu tim najavio otkriće elementa 109 bombardiranjem bizmuta 209 s visokom energetskom željeza 58 iona . Nevjerojatno kako se čini samo 3 atomi nastali su i oni zapušteni u pitanje 3,4 tisućinke sekunde . Oni su predložili da se to ime nakon što Lise Meitner koji šakom opisao nuklearne fisije uz Otto Hahn .

ununnilij
Atomski broj : 110
Kemijski simbol ; Uun
Grupa VIII BTransactinide

Nakon gotovo 10 godina međunarodni znanstvenici koji rade na GSI u Njemačkoj uspješno stvorili četiri ili pet atoma novi element 110 . Koristeći veliki akcelerator voziti nikla atoma na velikim brzinama su bombardirali tanku foliju olova s ovim brzo kreću atoma nikla . Novi element se brzo razgrađuje i osim raspada u upaljač atoma . Je detektiran 4 alfa čestice emitira tijekom procesa raspada .

unununij

Atomski broj : 111
Kemijski simbol: Uuu
Grupa IBTransactinide

Kemijska svojstva elementa 111 nisu poznati . Kao da se nalazi u istom stupcu kao
zlato i srebro je vjerojatnometal . Nakon ubrzavanja nikla atoma visokim brzinama
Njemački znanstvenici bombardirali bizmuta s ovim brzo kreću nikla atoma . Utvrđivanje
tog elementa je značajan kao što podržava teoriju da postoji« otok stabilnosti " za
elemente u blizini elementa 114 .Element ima poluživot oko 8 puta veći od ununnilij .

UNUNBIIUM
Atomski broj : 112
Kemijski simbol: Uub
Skupina II BTransactinide

U veljači 9,1996 GSI u Njemačkoj najavio stvaranje elementa 112. sve kreditne na
međunarodni tim pod Peter Ambruster . Oni su bombardirali cinka koji je ubrzao na
visokim brzinama s brzo kreću metaka olova . Tijekom sudaracinka atom uspio spojiti s
glavnim atoma .

ununkvadij
Atomski broj : 114
Kemijski simbol: Uuq
Grupa IBTranscatinide

U 1999, tim znanstvenika na zajedničkim Instituta za nuklearna istraživanja u Rusiji
najavio stvaranje novog ultra - heavy metala . Tim koristi ciklotron bombardirati plutonij
244 sa snopom kalcija 48 jezgrama . Nakon nekih 40 dana bombardiranja ,calicium
jezgra sa 20 protona spojile s plutonija jezgre s 94 protoni proizvodnju element sa 114
protona . Iako nestabilan je preživjela relativno dugo vremena .

Odlučnost kako bi pronašli najbolji prirodni skrivene odgovore ne jenjava . Potraga i
dalje za sve nastavak potrage za novim superteških elemenata . Pokretačka sila iza tog
truda jepotraga za znanjem koje će pokrenuti bogat novo područje rada nuklearnih i
kemijskih svojstava elemenata .

Tu je iviše utilitaristički motivacija za potragu za elementima koji čine otok stabilnosti .
Mnogi znanstvenici vjeruju npr. da će ti novi elementi tvore neobične materijale s
egzotičnim svojstva nikada prije vidjeli . Odgovori se traže u tom nastojanju su od
temeljne važnosti za naše razumijevanje svemira .